AF242317

EXPÉRIENCES

ARLEQUINO-MAGNÉTIQUES

DU DOCTEUR LAURENT.

PANORAMA

DES

EXPÉRIENCES

ARLEQUINO-MAGNÉTIQUES

DU DOCTEUR LAURENT,

ou

ART DE CONFECTIONNER DES SOMNAMBULES DE SALONS,
DES POLICHINELLES, DES SALTIMBANQUES, DES ACROBATES,
ENFIN DES AUTOMATES DÉCORÉS DU NOM DE MAGNÉTISÉS;

PAR ADRIEN PAUMIER,

ÉLÈVE EN MÉDECINE A ROUEN.

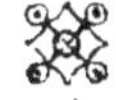

ROUEN.

IMPRIMERIE DE I.-S. LEFEVRE,
Successeur de F. Baudry,
20, RUE DES CARMES.

—

1840.

EXPÉRIENCES

ARLEQUINO-MAGNÉTIQUES

DU Dᴿ LAURENT.

Je ne viens pas nier la possibilité ou l'exis-
tence de certains phénomènes dits magnétiques;
je ne viens pas insulter à la mémoire des grands
hommes qui, sans intérêt comme sans passion,
ont consacré des années précieuses à la recherche
de la vérité; mais je viens offrir à mes concitoyens,
dans l'unique but de les éclairer, quelques ré-
flexions sur les expériences et la théorie médico-
physico-pathologico-magnétique du célèbre pro-

fesseur Laurent. Ce savant illustre, dont les représentations ont étonné un grand nombre de personnes recommandables, est parvenu à surprendre la confiance de quelques médecins honorables qui ont sanctionné de leur approbation les expériences merveilleuses offertes aux curieux, à raison de 2 fr. le billet d'entrée par personne (chez l'auteur), 3 fr. à la porte, par soirée.

Le temps est venu de prémunir, contre la fascination du charlatanisme et les hallucinations de la crédulité, les personnes de bonne foi que la curiosité pourrait rendre, comme moi, victimes de la supercherie.

Oui, je l'avouerai, lecteurs, comme tant d'autres, j'ai désiré voir, et, comme tant d'autres, j'ai cru trop facilement : le merveilleux a tant d'attraits ! Tant que je n'ai pas vu les ficelles, j'ai crié au miracle, j'ai soutenu mille absurdités ; en un mot, j'avais abjuré le culte de la raison pour me faire l'apôtre de M. Laurent ; par bonheur, l'idolâtrie n'a pas duré long-temps, la raison a repris ses droits ; j'avais rêvé, je me suis éveillé.

Si vous me demandez ce que j'ai vu au réveil, je vous répondrai :

J'ai vu un homme monté sur des tréteaux,

caresser un pot-à-l'eau comme on ferait d'une chatte apprivoisée; je l'ai vu grimacer et gesticuler pour endormir une prétendue épileptique; j'ai vu cette belle endormie affirmer qu'elle voyait les cartes par le front; j'ai vu un marin marcher sur les planches comme un citadin sur les pavés; sauter sur un seul pied comme un canard blessé; danser la polichinelle comme un pantin de papier au théâtre des marionnettes. Pauvre marin, je l'ai entendu chanter *ma Normandie* comme petit Jean; enfin, j'ai vu ce même marin, armé d'une carabine, faire la charge en douze temps comme un tourlourou galonné....................
— Je l'ai applaudi, quand il faisait le mort comme le cheval savant (c'était son triomphe); j'ai beau me demander maintenant ce qu'une pareille farce jouée par des endormis pouvait prouver en faveur du magnétisme; je ne puis voir dans toute cette parade qu'un industriel audacieux, exploitant avec des compères la crédulité publique.

Ce qui m'étonne, c'est que tant d'hommes distingués aient pu voir dans ces représentations autre chose que des pasquinades.

J'espère, lecteurs, que vous serez de mon avis, lorsque je vous aurai confié les secrets du métier;

mes confidences vous rendront aussi habiles que le soi-disant docteur. Avant de vous initier aux procédés magnétiques, permettez-moi de vous transmettre la théorie que M. Laurent m'a communiquée pour 25 fr. ; la communication vaut l'argent.

Le fluide magnétique est un fluide qui ne mouille ni ne tache, on le croit de race électrique; chaque individu, dans l'espèce humaine, en possède une dose variable; c'est un don du ciel, c'est peut-être la seule richesse du mandiant déguenillé, le seul bien impérissable de l'orgueilleuse opulence. Il affectionne surtout (vous allez voir s'il a bon goût) la femme nerveuse, hystérique, mélancolique, victime d'un mari ou d'un chagrin d'amour; il aime les êtres faibles et souffrants (lecteurs pardonnez-moi le reste d'affection que je conserve pour ce vertueux fluide); esclave soumis, il obéit aux volontés de l'espèce humaine.

Ici, on lui ordonne d'aller plonger dans le sommeil une femme vaporeuse; bientôt il pénètre dans la belle et la belle s'endort. Eh! de quel sommeil grand Dieu! elle entend, elle répond aux questions qu'on lui adresse. Je frémis de penser que si le magnétiseur n'était pas doué d'une chasteté à toute épreuve, cette pauvre femme pourrait devenir victime du magnétisme; par bonheur pour sa conscience, au réveil tout serait oublié. Si par malheur elle apprenait sa faute involontaire, la fuite même ne pourrait pas la soustraire à la puissance du magnétiseur; en effet, le fluide ne connaît pas les distances; fût-elle au Japon, il suffirait que le magnétiseur voulût lui lancer le fluide, pour que le fluide arrivât jusqu'à elle et l'endormît de nouveau.

Calculez-vous, lecteurs, quelle peut être l'influence d'un pareil fluide? Je vous suppose éperduement amoureux d'une belle qui gémit sous les grilles dont une marâtre a la clé. Vîte du fluide à la mère..... La fille est enlevée......... Au réveil de la mère, la vierge sans tache est de retour au logis maternel; une couronne de rosière pour elle, et je vous la souhaite pour épouse.

Je ne vous eusse point parlé du fluide magnétique, s'il n'eût eu d'autre puissance que d'endormir à distance; mais là ne se borne pas son pouvoir : ordonnez-lui de remplir votre belle inhumaine, et de la forcer à soupirer une tendre romance, point de résistance possible; prêtez l'oreille, et la belle va chanter. Ordonnez au fluide que la belle voie par le pied ce qui se passe à la Chine; faites attention, et vous allez avoir des nouvelles de la Chine. Voulez-vous une preuve de la toute-puissance du fluide? ordonnez que la belle inhumaine devine l'avenir, et vous aurez une pythie improvisée, qui n'a pas besoin de trépied pour rendre ses oracles.

Vous plaît-il que la belle reçoive le don de sapience, devine les maladies et le traitement qui leur convient? un ordre au fluide magnétique, et vous aurez à votre disposition une femme plus habile dans l'art de guérir qu'une masse d'académiciens.

Si vous saviez, lecteurs, combien j'étais heureux de penser que j'avais à mon pouvoir un si puissant esclave. J'avais déjà pris l'engagement de donner au gouvernement des nouvelles d'Afrique avant le télégraphe; je pétitionnais pour obtenir une place de chef de la police de sûreté. Pour moi plus de receleur possible; pour arriver à la réalisation, je n'avais qu'une somnambule à trouver.

Je cherchais donc une victime. Pauvre ange! elle réunissait toutes les conditions voulues pour loger le fluide : maigreur cadavérique; teint pâle;

yeux caves, hystérie, épilepsie; elle avait tout; elle vivait de biscuits et d'eau claire. Mais j'eus beau ordonner à mon fluide, le fluide fut sourd; elle resta éveillée; elle se moqua de moi. Vingt essais furent suivis du même résultat. Que faire? Observer de plus près le professeur, et deviner par quels procédés il parvenait à se faire si bien obéir du fluide; c'est ce que je fis.

Comment on doit s'y prendre pour faire parvenir le fluide magnétique dans la tête ou toute autre partie du corps.

Pour que l'incomparable fluide magnétique puisse parvenir, dans le magnétisé, par le crâne, les oreilles, la peau et les pieds, il est de toute nécessité que les oreilles ne soient point couvertes d'un foulard, car le fluide ne traverse pas la soie. Le fluide ne peut pas pénétrer par les pieds, s'ils ne sont séparés du sol par un tapis (le tapis n'est pas mis, bien entendu, pour cacher une planche mobile, mais pour empêcher le fluide de passer dans la terre au lieu de monter dans les pieds).

Chers lecteurs, voici des conditions très-importantes à observer pour constater des effets magnétiques.

Étudions maintenant les procédés que vous devez mettre en usage pour obtenir des résultats merveilleux ; pour accumuler le fluide porteur de notre volonté, nous avons à notre disposition un grand nombre de procédés dont l'étude va constituer l'art de magnétiser.

Le regard magnétique devient véhicule du fluide quand le magnétisé a les yeux ouverts. Cela posé, vous avez à choisir entre le regard satanique, méphistophélique, pandiculatif, narcotique, soporifique, diapneutique, convulsif, épileptique. Le talent est de bien saisir celui qui convient le mieux à la production des effets que vous méditez.

Le souffle magnétique offre diverses consonnances, et, à quelques pas, l'oreille la plus attentive n'en peut distinguer les modulations.

Si vous consentez à suivre le cours que je vais ouvrir, je vous enseignerai à soupirer les *u,* à siffler les *i,* à souffler les *a* et à vomir les *o;* je vous apprendrai comment chacune de ces modifications du souffle magnétique a la puissance de déterminer, chez les magnétisés, chacun des actes qui doit entraîner votre admiration. Le pouvoir du souffle est immense.

De la secousse, de l'agitation et du tremblement magnétique.

S'agit-il de faire parvenir le fluide par les pieds du magnétisé? le procédé est des plus simples : levez-vous lentement sur la pointe des pieds ; retombez brusquement sur les talons ; que vos jambes tremblent et s'agitent ; vous entendrez les planches craquer : c'est le fluide qui passe de vos pieds dans les jambes du magnétisé. Place au fluide, il porte la moindre volonté du magnétiseur.

Pour obtenir le sommeil magnétique, beaucoup de magnétiseurs s'abstiennent du regard diabolique, narcotique, diapneutique, etc.....; d'autres négligent le souffle en O majeur, en A mineur andantino-allegro, allegretto-vivace, presto, prestissimo, mais tous adoptent les passes comme procédé le plus certain pour la transmission.

Des Passes.

Nous avons la passe avec conctat. Elle porte le nom de masso-passe. Ce procédé obtient la préférence, quand la magnétisée est jeune et jolie ; j'ai obtenu, par cette pratique, des effets incontestables : c'est le moyen qui donne le plus de somnambules. La passe à distance ou magnétisation à grands courants, est connue sous la dénomination de passes simples ou doubles passes, suivant que l'on fait usage d'une ou de deux mains; elles peuvent se diriger de la tête au gros orteil, de la tête à l'estomac, de la nuque au coccix; on préfère ce genre de magnétisation à distance quand on opère sur une vieille, ravagée par les ans. Avant de passer outre, nous devons mentionner la *passe funeste*; elle a été défendue par Mahomet, au troisième verset du Coran; dans ces derniers temps, cette passe a reçu le nom de passe à rebrousse-poil; la passe à rebrousse-poil peut amener des accidents graves; après avoir bâillé, le magnétisé s'endort et rêve bohémiens, sorciers, moines turcs, promenades de comètes, décortication bédouines et funérailles Abd-el-Kadériennes : il assite aux scènes du sabat, il voit l'arche de Noé, il prend ses cheveux pour des serpents à sonnettes, ses doigts pour l'hydre de Lerne, il donne des nouvelles des habitants de la lune, déchiffre les hiéroglyphes égyptiens, et, pour lui, le crâne de son magnétiseur, se métamorphose en un volcan dont le cratère embrasé vomit sur lui des torrents de laves brûlantes. Il s'agite... il veut fuir... une attaque d'épilepsie vient terminer la scène.

Je ne pourrais trop vous engager à vous abste=
nir de cette funeste passe à rebrousse-poil; du
reste, si l'attaque d'épilepsie survient, voici un
moyen infaillible de mettre rapidement un terme
aux convulsions : prenez un morceau de soie ou
une verge de fer quelconque, une pincette, un
clou à sabot, une pierre à fusil, un concombre,
placez un de ces réactifs dans la main du magnétisé, et à l'instant le fluide s'échappe comme une
vapeur dans le règne éthéré. Pour être complet,
il nous faut mentionner encore un dernier procédé de magnétisation fort en usage dans l'anti-
quité : c'est la passe avec l'imposition des mains
ou l'imposito-passe; nous aurons l'occasion d'y
revenir en vous expliquant, à la façon des magnétiseurs, les miracles de Jésus-Christ.

Lecteurs, vous voici aussi habiles que les plus
habiles, car j'ai mis à votre disposition, tous les
procédés de magnétisation généralement adop-
tés. C'est à dessein que j'ai omis de vous parler
de la fameuse baguette de fer de Hollande, du
merveilleux baquet de Mesmer, du mystérieux
peuplier de Puységur et de l'immortel champi-
gnon enfanté sur un crâne humain, par le con-
tact de l'anneau miraculo-magnétique; je ne
vous parle pas de l'eau sans pareille qui redresse

par une vertu orthopédique ; corrige les tailles zig-zaguées, ressuscite les trépassés.

Quel que soit le moyen que vous adoptiez, n'oubliez jamais que votre volonté a toute puissance sur le fluide magnétique ; veuillez donc fortement, et il obéira.

L'obéissance est telle, que le magnétiseur n'a besoin que de vouloir mentalement pour que le magnétisé obéisse à l'instant, *quand même*. En voulez-vous la preuve ? écoutez. J'ai vu dans une séance publique, un mauvais plaisant prier le magnétiseur d'ordonner au magnétisé d'avaler un assistant : l'ordre fut donné, l'assemblée frissonna ; il était temps qu'on intervînt, l'assistant était dévoré. Heureusement le magnétisé avait commencé la mastication par le petit doigt (du gant), jugez un peu s'il eût commencé par la tête, et qu'on l'eût laissé faire ! La science possède une foule de faits merveilleux aussi concluants que celui-ci.

J'ai vraiment regret de vous raconter cela, car vous allez peut-être adopter sans examen mes opinions personnelles, et négliger des expériences qui, seules, peuvent servir de base à une conviction raisonnée.

Hélas !.... c'est ce mode d'investigation qui a

aliéné toutes mes sympathies pour la science magnétique, et je ferais des volumes si je racontais toutes les déceptions dont j'ai été témoin.

On me disait : point de maladies que le magnétiseur ne puisse guérir; on ajoutait : il abandonne la pleurésie, les fluxions de poitrine, les fractures aux herboristes et aux rebouteurs, mais il va droit à des maladies plus rebelles, à l'épilepsie, à la rage, à la folie; pour lui, l'hydropisie est un jeu d'enfant, et on avait raison. (Encore un fait dont j'ai été témoin.)

Clinique magnétique.

A Amiens, rue du Grand-Cerf, n° 4, une pauvre femme gîsait sur un lit de douleur, la malheureuse était hydropique au troisième degré, elle était bien à plaindre; on la plaignit. Un magnétiseur fut appelé; après avoir reçu avec désintéressement 25 fr. (c'était un prix fait à l'avance), il demanda trois bouteilles d'eau pure et nette, les caressa, les insuffla, et, sur l'heure, le fluide s'engagea : Femme, dit-il, bois chaque jour trois verres de cette eau magnétique. Elle but, et un mois après, l'hydropisie avait disparu; car, grâce à cette eau divine, la pauvre malade était accouchée d'un gros garçon. Ceux

2

qui révoqueraient en doute les vertus des passes et de l'eau magnétisée, peuvent visiter les deux épileptiques traités avec succès à l'Hospice-Général; leur guérison est radicale; en effet, bien qu'ils tombent encore tous les jours comme autrefois, il est évident, pour tout magnétiseur, qu'ils simulent l'épilepsie; il est horrible de penser que, par haine du magnétisme, des enfants de neuf à dix ans consentent, quoique guéris, à jouer effrontément une horrible maladie, et à languir dans un hôpital.

Une dernière observation curieuse de lucidité magnétique : Le 29 juillet, à Paris, j'ai vu une magnétisée lucide à laquelle je présentai un paquet de cheveux, comme c'est l'usage. Alors, elle de s'écrier, d'un ton prophétique : La personne qui a perdu ces cheveux a les veines du cerveau toutes rouges; pour obtenir guérison, il suffit qu'elle prenne chaque jour trois bains de pieds, dans chacun desquels on ajoutera trois cuillerées de moutarde, un centilitre de sel de cuisine, la peau d'un hareng saur de l'année précédente, trente-six gouttes de vinaigre de bois, et une demi-bouteille d'une décoction de genêt jaune, jaune, vous entendez bien, jaune.

Le pauvre malade n'était pas migrainé, mais

il nourrissait un vieux catarrhe; il eût cependant guéri s'il eût pu prendre ce salutaire pédiluve; hélas, à l'impossible nul n'est tenu; le pauvre invalide avait perdu ses deux jambes à Moscou, et, à leur place, il ne lui restait que deux baguettes de chêne, insensibles à l'action bienfaisante et tinctoriale d'une si admirable composition.

Lecteurs, si vous avez bien profité des leçons que je vous ai données, vous savez choisir des sujets propres aux expériences et les gorger de fluide magnétique.

Il est important que je vous fasse distinguer le moment où le magnétisé, cédant à l'influence du fluide, va consentir à exécuter votre volonté. Observez-le avec attention; s'il présente quelques convulsions, vous acquérez la certitude qu'il se prépare à vous obéir. La convulsion est un phénomène si important qu'il mérite d'être étudié.

La convulsion générale, tremblement léger de tout le corps, fait connaître au magnétiseur qu'il y a assez de fluide, et que sa volonté est comprise; c'est alors que l'on voit le magnétiseur s'éloigner et produire, à de grandes distances, les phénomènes les plus singuliers.

La convulsion partielle, c'est-à-dire d'un seul

des quatre membres, apprend au magnétiseur que le magnétisé va lever ce membre; si telle est l'intention du magnétiseur, plus de souffle, plus de tremblement, le membre doit se dresser.

Les grandes convulsions générales annoncent au magnétiseur qu'il n'est pas compris; alors il faut de nouveaux ordres; elles servent au magnétisé à exécuter les phénomènes de foudroiement, de douleur, d'ennui, et à sortir de l'état magnétique.

Ici se termine l'exposition didactique de la nature des effets du fluide. Nous pourrions vous parler maintenant de l'influence morale et politique qu'il peut exercer sur la société, et vous faire apercevoir quelle ressource pourrait tirer d'un pareil moyen un gouvernement éclairé; mais de semblables considérations nous entraîneraient plus loin que nous ne voulons aller. Si nous avions la prétention de traiter le sujet d'une manière complète, nous aborderions la question de savoir si les miracles de Jésus-Christ, la résurrection de Lazarre, la guérison du possédé, la transformation d'eau en vin aux noces de Cana, sont des résultats magnétiques. Pour vous le prouver, nous vous rappellerions que ces miracles étaient toujours précédés de l'imposition des mains ; serait-ce donc si difficile de trouver des somnambules dans la pythonisse d'Endore consultée par Saül ; dans les sybilles de Cumes, de Samos, dans la fameuse pythie de Delphes, montée sur son trépied, dans les sorciers, les devins, les magiciens des temps passés ? Faudrait-il faire beaucoup de recherches historiques pour trouver des exemples d'insensibilité magnétique ? Lisez le procès du magicien aux trois échelles, et vous l'entendrez dire à Charles IX : Il y a en France plus de cent mille personnes qui, grâce à mes sortiléges, ne sentiraient pas les *pointures* faites jusqu'aux os.

Faudrait-il chercher bien loin pour trouver des exemples de la domination exercée par le magnétiseur sur le magnétisé ? il suffit de consulter les pièces du procès de la maréchale d'Ancre, pour acquérir la conviction que Marie de Médicis avait été souvent magnétisée.

Je vous demande que faisait-on au cimetière de Saint-Médard, sur le tombeau du diacre Pâris, si ce n'est du magnétisme ? Un pareil sujet fournirait la matière de plusieurs volumes, et nous devons nous hâter d'arriver à la dernière partie de notre tâche, c'est-à-dire à la narration fidèle des expériences faites par M. Laurent.

EXPÉRIENCES ARLEQUINO-MAGNÉTIQUES,

Salle Valery, rue Dinanderie, no 29.

Cette salle, de forme oblongue et rectangulaire, a une largeur de sept mètres soixante-six centimètres, à l'endroit où sont disposés des tréteaux qui soutiennent les planches sur lesquelles sont placés deux canapés; reste donc quatre mètres trente-trois centimètres de la largeur totale, pour faire les expériences; profondeur trois mètres.

Ces planches sont horizontales à la largeur, et recouvertes d'un tapis de laine; les spectateurs sont rangés en demi-cercle devant l'échafaudage.

L'arlequinade mystérieuse est un composé inextricable de phénomènes inexplicables, d'un système inconcevable; il faut avoir passé sous le joug de la baguette Mesmérienne pour en donner des nouvelles.

I. Sommeil magnétique par regard et à distance. — Influence du regard narcotico-magnétique et des passes à grands courants.

Adolphe s'assied sur le canapé de droite, Prudence sur celui de gauche.

Le magnétiseur, éloigné d'eux d'environ deux mètres quinze centimètres, leur lance tour-à-tour un regard satanique.

Ils baissent les yeux, puis laissent choir leur tête sur un oreiller placé à leur droite.

Le magnétiseur fait quelques passes, puis les saisissant par les jambes, il les étend entièrement.

Le magnétiseur demande si l'auditoire veut désigner deux personnes pour constater l'insensibilité.

L'insensibilité ou fascination magnétique se constate par des expériences; mais, pour qu'elles soient concluantes, il faut qu'on ne puisse pas les réaliser à l'état dit de veille.

DIALOGUE.

Magnét. — Ce sujet est dans l'insensibilité cadavérique; frottez lui la conjonctive oculaire avec les barbes d'une plume, il n'y aura pas de rougeur.

Incréd. — Il y en a ou il n'y en a pas.

Magnét. — Chatouillez les fosses nasales, il n'éternuera pas.

Incréd. — Non, pas plus qu'un enfant qui le fait par bravade.

Magnét. — Chatouillez la plante des pieds, il ne frétillera pas.

Incréd. — Oh! non, tant il en a l'habitude; mais quelle preuve de l'insensibilité vous nous donnez là! M. le magnétiseur.

Magnét. — Que voulez-vous en plus?

Incréd. — Le pincer? etc., etc., puisque vous l'avez annoncé comme prouvant l'insensibilité.

Magnét. — Quoi! le pincer! il en est qui pincent trop brutalement.

Incréd. — Lui arracher des cheveux, des favoris?

Magnét. — Je ne souffrirai jamais qu'on pèle ainsi un homme sans sa permission.

Incréd. — Administrer des claques sur les fesses?

Magnét. — Le livrer à l'opprobre, à la raillerie, c'est le comble de l'effronterie que d'inventer un pareil moyen.

Incréd. — Lui donner une prise de tabac?

Magnét. — Non, non; il pourrait lui en tomber dans la gorge et l'irriter.

Incréd. — Piquer la paume de la main?

Magnét. — Il ne manque plus que cela pour le démagnétiser.

Incréd. — Laisser tomber de l'eau chaude sur le bras?

Magnét. — Vous voulez le brûler.

Incréd. — Respirer de l'ammoniac.

Magnét. — De l'alcali volatil ! n'est-ce pas convoiter sa mort?

Incréd. — Tirer un coup de pistolet à poudre.

Magnét. — Ce sont des convulsions qu'il vous faut; faire manquer les expériences, et dire que le magnétisme n'existe pas, *quand même,* ce n'est point brave, Monsieur; il n'y a point de noblesse dans de semblables procédés; je suis docteur, Messieurs, et certes... (se magnétisant le côté du cœur), je ne viendrais pas tromper ici la Normandie tout entière.

Mais, Messieurs, j'oubliais; les sécrétions sont totalement suspendues chez les magnétisés; regardez lui les yeux, mais n'y touchez pas, il n'est pas magnétisé pour se mettre en rapport.

II. Attraction du buste. — Influence du souffle magnétique avec toutes ses modulations.

Adolphe, couché sur le dos, la tête sur l'oreiller.

Le magnétiseur retrousse ses manches, prend une attitude athlétique, dirige ses mains tournées en dedans vers son front, puis, les élevant graduellement à leur plus haute portée, il feint des efforts incroyables; les traits de son visage sont alternativement changés, ses yeux étincèlent, sa bouche écume, ses cheveux paraissent se dresser sur sa tête, et un souffle insolite fort rapide et comme saccadé sort de son vaste tronc.

Adolphe présente des convulsions générales. Enfin, il se restreint à celles des parties supérieures du corps, secoue sa tête, imprime à sa face différents caractères, agite ses bras, se dresse sur son séant.

Répulsion du buste. — Influence du souffle.

Le magnétiseur, le front toujours ridé, conservant la même attitude que dans l'attraction, fait retomber ses bras d'hercule avec une telle force qu'il semble foudroyer le magnétisé.

Adolphe retombe immobile, la tête sur l'o-
reiller.

III. La marche et le saut en franchissant un cordon.

Le magnétiseur recommence l'attraction du
buste; de la main gauche prenant Adolphe sous
les bras, de la main droite ressaisissant ses jambes, il lui fait éprouver un mouvement de rotation
sur le bassin et l'assied.

Le magnétiseur demande qu'on lui bande les
yeux et qu'on lui bouche les oreilles.

Le magnétiseur lui fait entendre ses paroles à
haute et intelligible voix [1].

Adolphe, m'entends-tu? réponds, je le veux!
réponds *donc* [2], si tu entends?

Adolphe, à voix entrecoupée, accompagnée de
mouvements convulsifs de la tête, réponds: Oui.

Le magnétiseur, eh bien! si tu entends, tiens-
toi debout, je le veux! tiens-toi *donc* debout, je
le veux!

Adolphe descend du canapé avec nonchalance.

___

[1] Les magnétisés sont capricieux (c'est un vice de nature); ils
affectionnent beaucoup les voyelles, obéissent particulièrement aux
monosyllabes, aux terminaisons, et, de tous les instruments, il
n'est que le violon pour les charmer.

[2] Le mot *donc* est un monosyllabe.

Magnét. — Adolphe, marche, je le veux ! Adolphe, marche *donc*, je le veux !

Adolphe, affectant de la raideur dans toutes les articulations, sans fléchir les genoux, soutenu par deux personnes, le dos tourné vers le magnétiseur, s'avance vers deux autres qui tiennent un cordon élévé à trente - trois centimètres ; là, il s'arrête, entre en état convulsif, et le franchit avec la souplesse d'un saltimbanque.

IV. Le miroir magnétique.

Magnét. — Adolphe, défais ta cravate, je le veux ! Adolphe, défais *donc* ta cravate !

Adolphe secoue les bras, ouvre et ferme la main à plusieurs reprises, étend les doigts, les agite, puis les porte à son cou, dénoue sa cravate et la défait entièrement.

Magnét. — Adolphe, voici une chaise, et il l'assied lui-même. Il invite une personne à vouloir bien s'asseoir devant lui, et à faire en sorte de le tromper. Cette personne, après avoir reçu préalablement des passes, devient miroir, et le magnétisé ne doit mettre sa cravate que lorsqu'elle est en sa présence, autrement il doit la chercher.

Magnét. — *Je vais parler hautement afin de donner plus de force à ma volonté.*

Magnét. — Regarde ton miroir, je le veux (le miroir est en face).

Adolphe alonge le nez et met sa cravate.

Magnét., frappant du pied. — Regarde *bien* ton miroir (le mot *bien* l'avertit qu'il est à droite).

Adolphe se penche de ce côté, le prend, le place devant lui, et continue à se cravater.

Magnét., se tourmentant sur les planches. — Regarde *donc bien* ton miroir (*donc bien* lui annonce qu'il est à gauche).

La scène se termine la cravate mise; en même temps cessent la manœuvre du miroir et les vociférations du magnétiseur.

V. Ordre mental de porter la main sur la partie du corps indiquée par écrit. — Ordre de porter la main droite au front.

Le magnétiseur observe la même attitude que dans l'attraction du buste, mais une toute autre situation par rapport au magnétisé; ainsi, se plaçant derrière Adolphe, qui est assis sur une chaise en face des spectateurs, s'inclinant vers sa droite, les deux bras dirigés de ce côté, il veut lui enfoncer un clou dans l'épaule; Adolphe semble souffrir ; présente des convulsions ; ses membres tremblent comme des feuilles, et son bras droit décrit des courbes à l'infini, pour aller du menton à la bouche, du nez à l'oreille, des yeux au front [1].

VI. Attraction à distance, le sujet étant retenu par plusieurs personnes. — Influence du souffle et de l'agitation.

Adolphe, placé debout, deux personnes le prennent sous les bras, le font marcher, et, à un instant donné, plusieurs autres s'ajoutent aux deux premières pour le retenir.

[1] Ordre mental de porter la main sur la partie du corps indiquée par écrit.

C'est au moyen du souffle dans lequel on fait passer certaines terminaisons, certaines syllabes qu'on y parvient. Ainsi, voulez-vous faire porter la main gauche au cou ? dirigez vos mains de ce côté, secouez les doigts avec promptitude et légèreté, cherchez à toucher le magnétisé sans qu'on s'en aperçoive, donnant de plus du souffle dans lequel vous faites entrer la consonnance *ou* prolongée.

Le magnétisé passe par toutes les phases des convulsions, et vous réussissez avec tout le charme que vous en attendiez. Si l'on suspecte votre souffle, laissez le magnétisé parcourir toutes les parties du visage du corps par convulsions et lorsqu'il sera parvenu à l'endroit indiqué, vous l'arrêterez à l'aide de *grandes passes.*

Mais, vous dira-t-on, pourquoi ne va-t-il pas directement à l'endroit indiqué ? question très-naturelle ; vous répondrez : Voici ce dont on ne peut se rendre compte en magnétisme, et pourtant il faut y croire comme à la vie et à la mort, sans pouvoir se les expliquer.

Le magnétiseur, placé derrière lui, les bras dirigés vers l'occiput (même attitude que dans l'attraction du buste), fait remuer, par la pesanteur de son corps, les planches qui sont perpendiculaires à lui et au magnétisé.

Adolphe, retenu fortement, écarte ses jambes, prend par là même un point d'appui; contracte ses muscles, ébranle la masse qui le soutient, et l'enlève avec lui.

Répulsion.

On lui indique, par un signal, le moment de la répulsion.

Le magnétiseur frappe l'air de ses bras; fait vibrer les planches par des mouvements brusques et précipités, et l'on perçoit un bruit particulier.

Adolphe répète les gestes de l'attraction dans le sens contraire.

VII. Le chant arrêté mentalement à distance par la volonté sur un signe d'un assistant. — Influence du souffle et de l'agitation.

Adolphe, de profil pour les spectateurs, est assis sur une chaise, dont les pieds reposent sur deux planches perpendiculaires au magnétiseur, deux personnes, l'une à la droite l'autre à la gauche du magnétisé, assises horizontalement, les yeux bandés et les oreilles closes, doivent lever la main en entendant n'importe quel bruit.

Il ne serait pas étonnant que ces deux personnes n'entendissent aucun bruit, puisque les foulards de soie sont mauvais conducteurs du son, et, n'étant pas assises sur les mêmes planches que lui, ne pourraient ressentir leur vibration; mais les souffles, l'ébranlement des planches et le bruit des bras sont tellement perçus, qu'elles lèvent la main, l'une, en disant qu'elle a entendu un bruit de bouche, l'autre, qu'elle a dansé sur sa chaise.

Magnét. — Adolphe, chante, je le veux! Adolphe, chante *donc!*

Adolphe donne quelques signes de convulsions générales, hausse la tête, la porte en arrière, puis en avant, et entonne enfin *ma Normandie,* d'une manière aussi lamentable que le *De profundis.*

Le magnétiseur, monté sur un oreiller, à un signal donné, doit arrêter le chant. (Voir le magnétiseur à l'attraction à distance.)

L'oreiller est une modification; il sert pour qu'on ne puisse soupçonner le bruit de ses talons, mais l'impulsion du mouvement vibratoire des planches n'en est pas moins produit.

VIII. Exercice et charge en douze temps.

Le magnétiseur invite une personne à se mettre en rapport avec Adolphe.

La personne en rapport commande :

Garde à vous,	Portez arme,
Portez arme,	Arme bras,
Arme bras,	Portez arme.,
Portez arme,	Reposez arme.
Présentez arme,	

Adolphe obéissait avec une telle adresse et une telle exactitude dans les mouvements, qu'un soldat de la vieille garde eut tressailli d'admiration.

Charge en douze temps.

La personne en rapport commande :

Garde à vous.

Chargez.	Bourrez.
Ouvrez — ette.	Remettez — ette.
Prenez — ouche.	Portez — arme.
Déchirez — ouche.	Apprêtez — arme.
Amorcez.	Joue.
Arme gauche.	Feu.
Ouche — on.	*Portez..... arme.*
Tirez — ette.	

Mais malheur, mille fois malheur pour le magnétisé; on avait commandé de *porter arme*, et lui, oubliant le mot d'ordre, laissait tomber sa carabine.

IX. Prudence et Zoé tombent spontanément comme foudroyées par leur magnétiseur.

Prudence donne un bras à la personne avec laquelle elle se promène. Le magnétiseur, placé derrière, se dresse sur la pointe des pieds, élève ses bras au-dessus d'elle, puis, par des mouvements rapides et plusieurs fois répétés, il agite l'air sur sa tête; retombant ensuite sur ses talons, il ébranle les planches; elle se terrasse entraînant avec elle la personne qui pensait la retenir.

Elle est relevée par la force de l'attraction.

Prudence, étendue sur le tapis, le magnétiseur à ses pieds, dirige ses yeux vers elle et l'attire.

Prudence entre en convulsions, jette son corps en avant, rapproche ses jambes et se place debout par un mouvement convulsif.

X. Prudence à l'état d'automate.

Prudence est assise en présence du public.

Le magnétiseur fait quelques grandes passes

qu'il dirige sur chacun des membres en particulier, et soi-disant les paralyse spontanément.

Prudence se présente les bras étendus horizontalement et les jambes écartés ; son centre
de gravité passant par le bord antérieur de la
chaise, position des plus favorable pour l'équi-
libre du corps, et pour les mouvements de haut
en bas, d'arrière en avant et de côté et d'autre.

Si quelqu'un cherche à lui ployer les bras,
il y parvient difficilement.

Appuie-t-il sur le pied, que le corps ce pan-
che dans la même direction ; mais de quelque
côté qu'il lui incline les bras, les parties infé-
rieures suivent la direction contraire.

Le magnétiseur, au moyen de contre-passes
artistement appropriées, donne miraculeusement
de la vitalité à la main droite, fait parler l'au-
tomate, lui offre à boire, et rend enfin à tous
les membres leur première mobilité.

XI **Danse de la polichinelle.**

Magnét. — Adolphe écoute, voici un violon
qui joue une contredanse (le violon commence).
Adolphe danse, je le veux ! Adolphe danse
donc ; je le veux !

Adolphe jette la pointe du pied droit en avant, et dresse le bras du côté opposé ; ensuite, il jette la jambe droite en arrière, dresse le bras du côté opposé en avant ; enfin, il dirige dans le même sens le bras et la jambe du même côté, et toutes ces positions entremêlées forment ce qu'il appelle la danse de la polichinelle.

Exécution du grand écart de Saqui.

Magnét. — Adolphe, le grand écart de Saqui, je le veux ! entends-tu, je le veux ! allons *donc !*

Adolphe ouvre les jambes et les écarte de telle manière que son tronc touche au sol.

Le magnétiseur fait alors une attraction de bas en haut.

Adolphe rapproche ses jambes, et, à l'aide de quelques mouvements brusques, il se relève admirablement.

On les démagnétise en leur administrant des contre-passes, et l'arlequinade se termine par des contorsions, des frottements d'yeux et par d'horribles convulsions.

Des Contre-passes.

Elles sont rafraîchissantes et peuvent être préconisées contre les échauffements et les coups de soleil, comme succédanées des glaces et des éventails ; et, si vous voulez, la passe-passe sera l'attraction des gros rouges décimes de Monaco.

CONCLUSION.

—

Cette narration fidèle étant terminée, je demande quel est l'homme de bonne foi qui oserait affirmer que le matelot, la cuisinière et la blanchisseuse n'obéissaient qu'à l'influence du fluide de MM. Laurent, André, et Leroux, magnétiseur de Zoé.

Pourquoi donc M. Laurent refuse-t-il obstinément de boucher les oreilles de son magnétisé avec du coton et un mouchoir de soie ? pourquoi un tapis de laine qui cache les planches ? pourquoi n'ordonne-t-il pas mentalement d'exécuter sa volonté dans l'immobilité, et sans souffler ? pourquoi, ayant les yeux bandés, ne se fait-il pas suivre de ses magnétisés, puisqu'il leur paraît comme un flambeau lumineux ?

Après un tel aveu, qui croirait qu'une volonté dirigée par l'index, exprimée par un coup-d'œil, soit capable d'endormir son prochain ? à moins que, ressemblant à cette jeune bonne tant vantée dans nos murs, qui s'endormit à dix heures, après avoir été magnétisée (elle avait l'habitude de ronfler à sept), si l'on pouvait à son gré disposer de ses semblables, les faire parler ou se taire, danser sur un tapis, bâiller sur un canapé, leur envoyer le malaise ou la santé, et avec de l'eau saturée d'un fluide à nul autre pareil, les faire converser avec les Groenlandais, voyager dans le système planétaire et franchir par-delà les régions solaires, pour contempler cet immense des possibles que créature humaine ne visitera jamais ?

Pourquoi naître si tardive, incomparable puissance, toi qui peux détruire ou refaire les sociétés, arrêter ou armer le bras de la vengeance, commander ou modifier la morale si peu respectée de nos jours ? pourquoi te faire attendre tant de siècles, toi dont l'apparition plus précoce pouvait épargner au voyageur mercenaire les longues fatigues qu'il a supportées pour arpenter les plages lointaines ? pourquoi ne pas accourir plus tôt aux cris de douleur et de désespoir, dont tant de malheureux abandonnés de la médecine font successivement retentir le monde ?

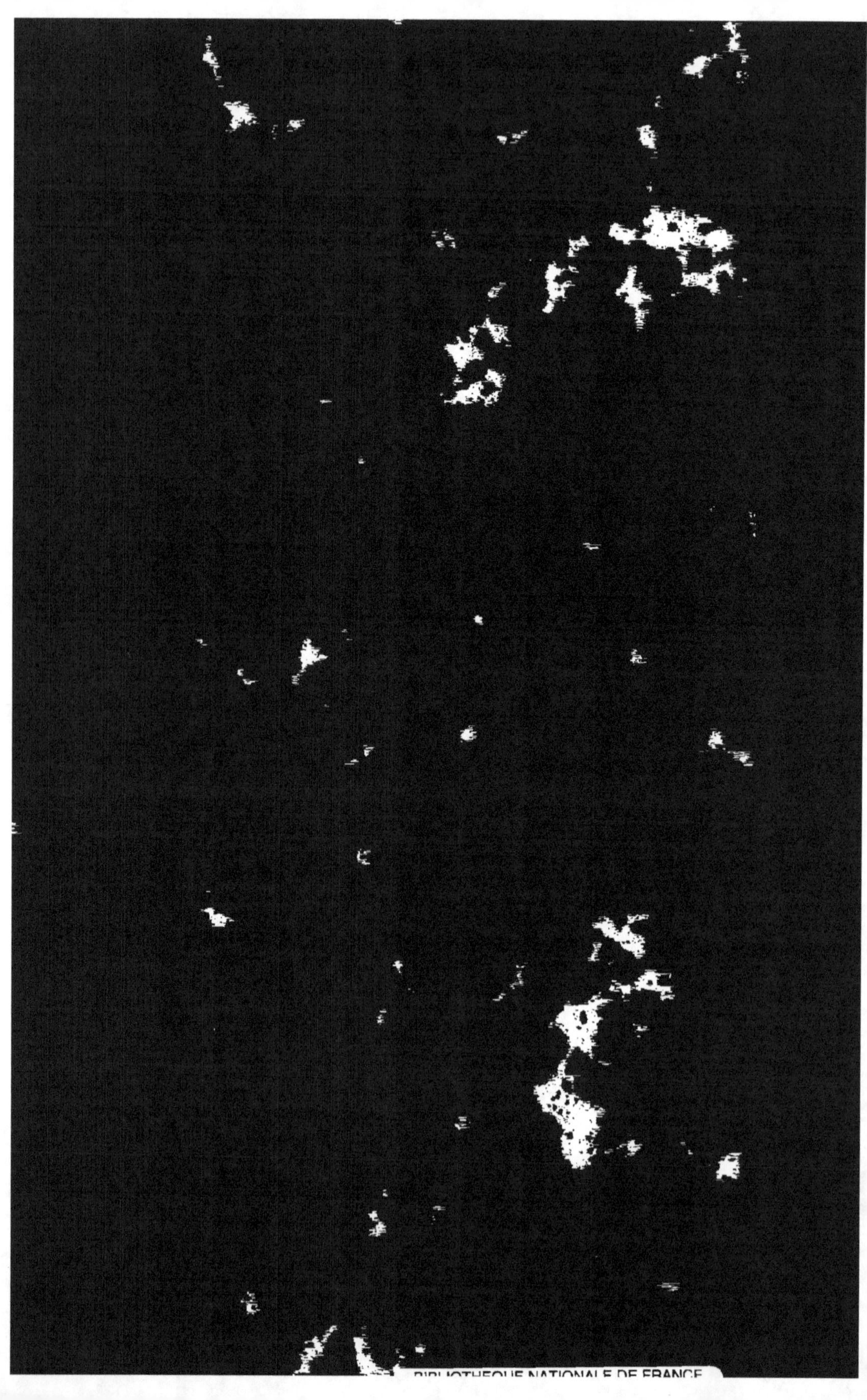

www.ingramcontent.com/pod-product-compliance
Lightning Source LLC
Chambersburg PA
CBHW061238030726
47595CB00004B/1588